南海トラフ巨大地震は ズバリ いつ起きるのか!!

クッパ72

文芸社

今回、本書を刊行したのは、「備えあれば憂いなし」のことわざにあるように、南海トラフ巨大地震がいつ起きるのかを、一日も早くお知らせしたかったからです。

　いたずらに災害を恐れて暮らすのではなく、十全な備えをして、自己中心ではなく、他人を思いやって行動することが大切です。

　南海トラフ巨大地震は、今までの大災害とは規模が違います。これを回避、または最小限に抑えるためには、我々すべての人間が、正しい心、豊かな心、思いやりの心を持つ以外になすべきことはありません。親がわが子を虐待して殺したり、子がかっとなって親を殺したり、交際相手に頭にきて殺したり……他人を殺さないまでも、大切なお金を奪って何の恥じらいも持たない人がいますが、そんな傲慢、横柄、高姿勢ではなく、謙虚、礼節、敬い、感謝の心を一人ひとりの人間が持たなくてはいけません。

　そして、明るく生き生きとした社会を、日本を、世界を作っていかなければいけないのです。

　日本は地震国であり、台風が来たいという大好きな進路にもなっています。ですから、小さな災害はこれまでにもいくつも起きています。

　しかし、20世紀以降、一瞬にして5000人以上の死者を出している災害は4つしかありません。その4つの大災害のデータをたどってみると、ある程度の法則が見えてきたのです。そして、近い将来起きると言われているのが「南海トラフ巨大地震」です。私が気づいたその法則にのっとれば、南海トラフ巨大地震の起きる年度は予想できていましたが、日付と時間が分からなかったのです。そこへ、東日本大震災が起き、ついに日付と時間も見えてきたのです。

　本書では、その4つの大災害を振り返りながら、「南海トラフ巨大地震」がいつ起きるのか、私の予想をお伝えしていきます。

　私は学者でもなければ予言者でもありません。プレートの何たるかも全然分かりません。しかし、大災害への十全な備えの一つとして、本書を参考にしていただければ幸いです。

いざという時のために「非常用持ち出し袋」の準備を

- ☐ 救急箱
- ☐ 預貯金の通帳
- ☐ 印鑑
- ☐ 現金
- ☐ 懐中電灯
- ☐ ロウソク
- ☐ インスタントラーメン
- ☐ 乾パン
- ☐ 缶詰
- ☐ 缶切り
- ☐ ナイフ
- ☐ ライター・マッチ
- ☐ ラジオ
- ☐ ヘルメット
- ☐ 防災ずきん
- ☐ 電池
- ☐ 衣類
- ☐ 手袋
- ☐ 毛布
- ☐ 水

　主に総務省消防庁で紹介している防災グッズを取り上げましたが、男女でも必要なものは異なりますし、赤ちゃんがいたり、高齢者がいたりすれば、上記以外のものも用意しておかなければいけません。大切なのは、絶えず点検（電池切れや賞味期限切れ）することと、日ごろから家族で話し合い、絆を深めておくことです。あれもこれも入れて、非常用持ち出し袋の中身が重くて持ち出せない……ということにならないようにしましょう。

大災害発生時期の法則の始まり！

関東大震災 ［死者・行方不明者　10万5385人］
1923（大正12）年9月1日11時58分

首都圏とその周辺を直撃したマグニチュード7.9のこの大地震は29万棟を超える家屋を倒壊させ、山間部では土砂災害が、沿岸部では津波被害が発生しました。明治以降の被害地震における死者数ワースト1です。

＊死者・行方不明者数は2006年7月中央防災会議災害教訓の継承に関する専門調査会「1923関東大震災報告書－第1編－」参照。

関東大震災（1923年）から
36年後の亥の年！

伊勢湾台風 ［死者・行方不明者　5,098人］

1923年 +36年
1959（昭和34）年　9月26日18時過ぎ

夕方に潮岬に上陸した台風15号は、強い勢力を保ったまま日本列島を縦断しながら北上し、全国的に大きな被害をもたらしました。伊勢湾で発生した高潮・高波が重なり、とりわけ臨海部低平地に未曾有の大災害を引き起こしました。昭和の三大台風の一つに数えられています。

＊死者・行方不明者数は2008年3月中央防災会議「災害教訓の継承に関する専門調査会」「1959伊勢湾台風報告書」参照。

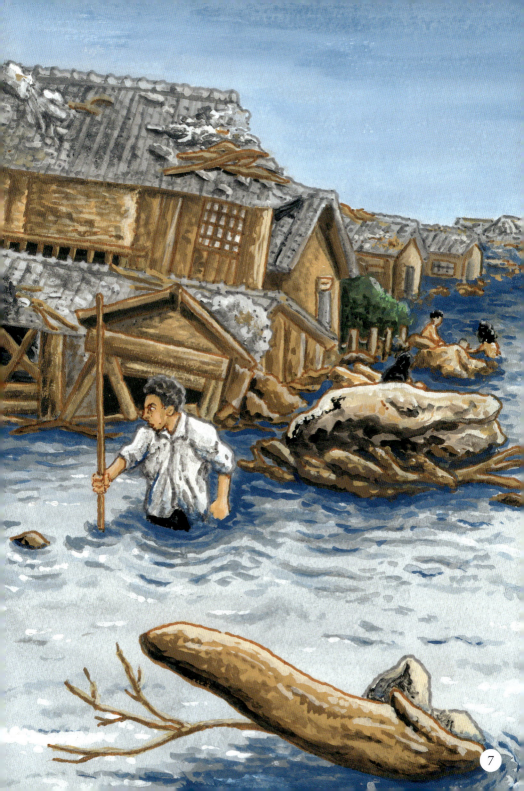

伊勢湾台風（1959年）から
36年後の亥の年！

| 阪神・淡路大震災 | ［死者・行方不明者　6,437人］

⤴ 1959年 +36年
1995（平成7）年　1月17日5時46分

マグニチュード7.3の大規模な地震により、神戸や淡路島で震度7に相当する揺れが発生するなど、近畿圏の広域に甚大な被害をもたらしました。高速道路が横倒しになったり、倒壊した家屋から火災が発生したり、道路・鉄道・電気・水道・ガス・電話などのライフラインが寸断されて全く機能しなくなりました。

＊死者・行方不明者数は総務省消防庁2006年5月19日「阪神・淡路大震災について（確定報）」参照。

原発事故も引き起こした「3.11」

東日本大震災 ［死者・行方不明者 約 18,466 人］

2011（平成 23）年 3 月 11 日 14 時 46 分

太平洋沖を震源とするマグニチュード 9.0 の大規模な地震により、東北地方の広範囲で震度 6 や 7 を観測しました。さらには福島県の相馬で最大波 9.3 m を観測したのをはじめ大津波が押し寄せ、沿岸部に壊滅的な被害が発生。福島第一原子力発電所の事故で東京電力も外部電力を損失し、深刻な事故を起こしました。日本国内で起きた自然災害で死者・行方不明者の合計が 1 万人を超えたのは、戦後初めてです。

＊死者・行方不明者数は緊急災害対策本部 2015 年 9 月 9 日「平成 23 年（2001 年）東北地方太平洋沖地震（東日本大震災）について」参照。

次は、南海トラフいつ起きるのか？

年度	日付	時間	名称
1923（大正12）	9/1	昼 11:58	関東大震災
1959（昭和34）	9/26	夜 18:00 過ぎ	伊勢湾台風
1995（平成7）	1/17	朝 5:46	阪神・淡路大震災
2011（平成23）	3/11	昼 14:46	東日本大震災
2031	5/3	夜 23:46	南海トラフ巨大地震

36年目　36年目　36年目

53日目　53日目

9時間　9時間

巨大地震！！

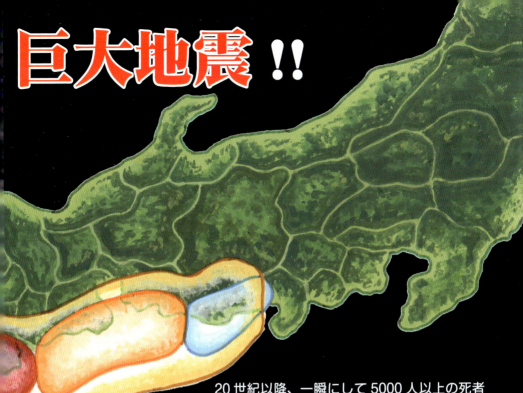

死者・行方不明者

10 万 5,385 人

5,098 人

6,437 人

約 1 万 8,466 人

約 32 万人？

20世紀以降、一瞬にして5000人以上の死者を出している災害は左表の上の4つしかありません。南海トラフ巨大地震の起きる年度は、阪神・淡路大震災から36年後の2031年と予想できていましたが、日時が分からなかったのです。そこへ、東日本大震災が起きました。偶然にも46分という発生時刻。ここに何かあるのではないかと思いました。53日、9時間、朝昼夜のめぐり合わせ。そこから南海トラフ巨大地震の発生する時を導き出しました。東日本大震災だけは、36年ごとの周期ではありませんが、日時を導いてくれたものだと思っております。なお、富士山大噴火もありえますので、十分な心構えと備えを！

＊南海トラフ巨大地震による死者・行方不明者数は、2013年5月中央防災会議防災対策推進検討会議南海トラフ巨大地震対策検討ワーキンググループ「南海トラフ巨大地震対策について（最終報告）」参照。

実は、関東大震災（1923年）からさかのぼると
江戸時代の大災害も36の倍数の年！

| 宝永大地震 | [死者 約2万5千人] |

　　　　　　　　← 1923年 −（36年 × 6）

49日後
↓
1707（宝永3）年 10月28日14時

| 富士山大噴火 | 12月16日10〜12時

300年ほど前に遠州灘から四国までの沖合を震源として発生した大地震が「宝永地震」です。史料によって被害の数値に幅がありますが、合計すると全国の死者数は2万人〜2万5千人とも言われています。その49日後に富士山噴火が起きました。直接的な死者数の記録はありませんが、火山灰による農耕地への影響や河川氾濫などの2次災害が長期間影響したようです。

＊死者数は2014年3月内閣府（防災担当）「1707宝永地震報告書」参照。
＊富士山大噴火による死者の記録は残っていない。

著者プロフィール
クッパ72

愛知県名古屋市出身
自称、中年演歌の星、松本清張研究家、李白・杜甫研究家
(猿の声—李白：えんせい〈白帝城〉、杜甫：えんしょう〈登高〉)
特徴、耳が遠い、目が近い、小水が近い
(ムム、できるなお主、遠近法の使い手か)
モットーは"苦しい時、悲しい時こそユーモアを"

南海トラフ巨大地震はズバリいつ起きるのか!!

2017年2月15日　初版第1刷発行

著　者　クッパ72
発行者　瓜谷　綱延
発行所　株式会社文芸社
　　　　〒160-0022　東京都新宿区新宿1−10−1
　　　　　　　　　電話　03-5369-3060（代表）
　　　　　　　　　　　　03-5369-2299（販売）

印刷所　株式会社暁印刷

©Kuppa72 2017 Printed in Japan
乱丁本・落丁本はお手数ですが小社販売部宛にお送りください。
送料小社負担にてお取り替えいたします。
本書の一部、あるいは全部を無断で複写・複製・転載・放映、データ配信する
ことは、法律で認められた場合を除き、著作権の侵害となります。
ISBN978-4-286-17736-6